NOTE

SUR LE

PANSEMENT ANTISEPTIQUE

LISTÉRIEN

A L'HOTEL-DIEU DE LYON

PAR

M. LÉTIÉVANT

Chirurgien en chef de l'Hôtel-Dieu de Lyon,
Professeur à la Faculté de médecine.

LYON

ASSOCIATION TYPOGRAPHIQUE

RIOTOR, RUE DE LA BARRE, 12

—

1880.

SUR

LE PANSEMENT ANTISEPTIQUE LISTÉRIEN

A L'HOTEL-DIEU DE LYON

NOTE

SUR LE

PANSEMENT ANTISEPTIQUE

LISTÉRIEN

A L'HOTEL-DIEU DE LYON

PAR

M. LÉTIÉVANT

Chirurgien en chef de l'Hôtel-Dieu de Lyon,
Professeur à la Faculté de médecine.

LYON

ASSOCIATION TYPOGRAPHIQUE

RIOTOR, RUE DE LA BARRE, 12

1880

NOTE

SUR LE

PANSEMENT ANTISEPTIQUE LISTÉRIEN

A L'HOTEL-DIEU DE LYON

I

Le pansement antiseptique listérien est introduit à l'Hôtel-Dieu de Lyon, dans mon service, depuis le 25 juillet 1875 ; il n'était à cette époque pratiqué dans aucun hôpital en France. Je ne parle point de l'essai que j'en avais fait en 1869 aux premiers temps de son apparition ; il était alors très-imparfait de forme et il a subi depuis de nombreuses modifications qui l'ont progressivement perfectionné.

A partir de son installation, je vis les plaies se modifier avantageusement. Les réunions immédiates s'obtinrent presque toujours ; les fractures compliquées graves guérirent sans accident ; l'infection purulente ne reparut plus.

J'ai consigné ces faits dans un mémoire sur la réunion immédiate à la suite des grandes amputations (Lyon, 1876) ; dans le « pansement antiseptique listérien au point de vue pratique » (communication au Congrès du Havre, 1877) ; dans le Compte rendu moral de l'Administration des hospices civils de Lyon, années 1876–77–78 (rapports du chirurgien-major). J'insistais dans ces rapports sur la diminution de mortalité chez les blessés et opérés depuis l'introduction de la nouvelle méthode.

Depuis ces publications cette méthode n'a pas cessé d'être mise en pratique dans mes salles et dans quelques autres services de l'Hôtel-Dieu.

Ayant visité Lister à Londres au mois de septembre 1878, je le suivis dans son service à Kings Colege hospital, où j'observais, avec lui, son mode actuel de pansement.

Je fis l'achat de divers produits dont il se sert, chez son propre fabricant auprès duquel il eut l'obligeance de me conduire lui-même.

Dès la fin de 1878, je mis en application le *modus faciendi* de Lister avec les mêmes éléments qu'il emploie, son protective, sa gaze phéniquée, son makintosch, son lint, etc., tous produits arrivant directement de Londres.

Je continuais néanmoins mon *pansement listérien modifié*.

Le Lister tel que le fait son auteur ne fut appliqué que dans les cas très-graves (les seuls qui soient démonstratifs) : ovariotomies, amputations de cuisse, de jambe, extirpations de tumeurs volumineuses, abcès froids par congestion, corps étrangers, etc.

Dans tous ces cas graves mon pansement *listérien modifié* avait déjà fait ses preuves : j'en continuais l'emploi général pour tous les autres cas.

L'étude parallèle de ces deux modes de pansement que j'ai pratiqués : l'un, le *listérien modifié* pendant près de *cinq ans* ; l'autre, le *listérien ordinaire* pendant ces *dix-huit derniers mois*, m'a conduit aux conclusions suivantes :

Avec l'un ou l'autre de ces deux pansements on obtient

les mêmes résultats : mêmes réunions immédiates, même conservation des membres dans les blessures graves ; même suppression des grandes complications des plaies.

Chacun de ces deux modes de pansement réalise en effet une des conditions fondamentales de la méthode : *que l'atmosphère phéniquée soit permanente autour de la plaie.* C'est une des grandes lois pour le succès de la méthode listérienne : il faut *que la plaie ne soit jamais en contact avec l'air ; elle doit toujours en être séparée par une atmosphère de vapeurs antiseptiques.*

La méthode listérienne, pour obtenir cette atmosphère, n'est pas exclusive dans ses moyens : Lister n'a pas voulu imposer une étoffe, mais la réalisation d'une idée. Il autorise qui la réalise.

Cette réalisation il l'obtient, lui, d'une manière parfaite, et avec une grande simplicité. Seul il suffit à faire son pansement ; souvent son interne seul le fait.

Voici du reste les deux modes de pansements antiseptiques listériens mis en parallèle à l'Hôtel-Dieu de Lyon ces dernières années.

II

Procédés.

Premier temps. — Pendant l'opération (ou devant la blessure accidentelle) les procédés au point de vue antiseptique sont identiquement les mêmes dans les deux modes de pansement : mêmes moyens d'épuration des aides, des instruments, des éponges, de l'air, des plaies ; mêmes moyens de suture, de ligature, de drainage ; mêmes vapeurs ; même nécessité de n'enfreindre aucune des règles listériennes durant ce premier temps, si l'on ne veut en être puni par une imperfection dans les résultats.

Deuxième temps. — La différence commence au moment de l'application des pièces du pansement.

§ 1. — Dans le listérien modifié, on place sur la plaie une feuille de taffetas ciré mince, souple, imperméable sortant d'une solution légèrement phéniquée. Cette feuille doit dépasser de 4 à 5 centim. le pourtour de la plaie pour la soustraire au contact direct de l'acide phénique. Immédiatement au-dessus une couche de coton épuré à la lessive de potasse et de soude et sortant d'un bain phéniqué à 50 pour 1,000. On la tasse légèrement. Puis on la recouvre d'une couche de taffetas ciré qui dépasse de beaucoup les pièces précédentes, et est destinée à maintenir en contact, avec les téguments voisins de la plaie, l'atmosphère de vapeurs phéniquées qui se dégagent incessamment du coton imbibé. Des compresses de linges imbibés d'acide phénique recouvrent exactement les bords du pansement et sa surface ; puis le tout est maintenu par une ou plusieurs bandes sortant de la solution antiseptique. Enfin une couche épaisse de coton cardé recouvrant le tout permet d'exercer, à l'aide d'une bande, une compression égale, douce, et de maintenir la plaie à l'abri de tout choc et de toute lésion accidentelle.

L'atmosphère phéniquée est ainsi maintenue abondante et complète autour de la plaie et cela pendant 24 à 48 heures. Passé ce temps, on doit entretenir son humidité par de nouvelles compresses phéniquées pour lui conserver son action antiseptique ; il est même mieux de ne pas passer ce temps et de renouveler le pansement tous les jours.

Surveillé avec soin, répété souvent, ce pansement donne les mêmes résultats que celui du Lister ordinaire : réunions sans pus vrai et sans complications.

Mais il ne faut point de relâche dans son application, et la plus grande rigueur dans l'accomplissement de tous ses détails est nécessaire.

Les avantages de ce mode de pansement sont :

1° Sa rapidité. Il peut être fait vite, nombre de fois dans une matinée, ce qui est une condition importante dans un grand service.

2° Comme il est humide, son application est plus douce que celle du Lister ordinaire, qui est un pansement sec.

3° Il permet mieux aussi que le mode de Lister une compression douce et régulière.

4° Les produits nécessaires à son emploi se trouvent partout ; sa réalisation en devient facile même dans le plus humble village. Celui de Lister, au contraire, nécessite des produits étrangers qu'il est quelquefois difficile de se procurer.

5° Il est moins coûteux que le Lister véritable. Bien que cette condition ne soit que secondaire, elle a cependant motivé l'abandon du pansement de Lister pour le listérien modifié dans certains hôpitaux étrangers, les résultats étant également bons.

Voilà les avantages et le mode d'action du pansement *listérien modifié*, conditions qui lui ont permis de rendre de grands services et qui le rendront longtemps encore pratique.

§ 2. — Le Lister ordinaire s'applique de la manière suivante :

1° Le protective, qui, cette fois, ne doit pas dépasser les limites de la plaie ; le pansement est sec et aucun liquide ne filtrera sur la plaie ;

2° 2 ou 3 fragments de gaze légèrement aspergée de solution phéniquée comme la couche suivante la plus interne ;

3° Les 8 couches classiques de gaze phéniquée avec interposition du makintosch entre la 7ᵉ et la 8ᵉ feuille ;

4° Puis le tout soutenu par les bandes de gaze phéniquée seules ou aidées sur les limites du pansement de circulaires élastiques, selon les cas.

L'application de ces pièces de pansement est un peu plus longue que celles du pansement précédent, ce qui est un inconvénient médiocre.

Une fois le pansement en place, la chaleur du corps, au bout de quelques minutes, fait dégager de la gaze phéniquée sèche une abondante quantité de vapeurs d'acide phénique ; l'atmosphère phéniquée se trouve ainsi constituée lorsque les quelques gouttes d'aspersion des premières couches n'ont plus d'action antiseptique.

Par ce dégagement gazeux permanent, l'atmosphère phéniquée est très-bien constituée. Elle persiste peudant 1, 2, 3 jours, quelquefois 4 jours et même davantage.

C'est là un des très-grands avantages de ce pansement, puisqu'il peut permettre son application plusieurs jours sans perdre sa propriété antiseptique. Il est vrai que tout chirurgien prudent le change dans les premiers temps de la blessure, soit tous les jours, soit tous les deux jours ; on peut cependant le négliger un troisième jour sans voir pour cela les conditions de guérison se modifier.

Outre l'avantage de faire une atmosphère phéniquée plus prolongée et plus abondante, ce pansement peut encore être facilement appliqué par une main peu exercée.

Ce qu'on lui demande surtout, c'est la formation de l'atmosphère phéniquée ; il n'y a point à obtenir de degrés de compression, et on peut abandonner à la rigueur le pansement aux soins d'un aide.

Il est sec, ce qui pour quelques chirurgiens est préférable à l'humidité du pansement modifié.

Plus de sécurité en raison de la persistance plus grande de l'atmosphère phéniquée, moins de surveillance, simplicité d'application ; ce sont là de réels avantages, suffisants pour sa généralisation.

La compression partielle peut s'établir si elle est nécessaire, à l'aide d'une éponge neuve rendue aseptique et placée directement sous les pièces du premier pansement, comme le pratique M. Gross, de Nancy, et comme je le fais souvent moi-même.

Quant au coût et à la rareté des produits listériens, ces inconvénients disparaîtraient probablement, si ce mode de pansement était adopté ; son introduction unanime dans la chirurgie motiverait la fabrication locale de ces produits.

Ainsi, le pansement ordinaire de Lister est celui qu'il faut préférer. Le pansement listérien modifié le remplacera lorsqu'on sera privé des ressources du premier, et rendra des services aussi précieux, mais plus difficiles à obtenir.

III

Résultats de l'emploi de la méthode antiseptique listérienne.

Si l'avenir tient les promesses du passé, l'emploi de la méthode listérienne, soit par le procédé modifié, soit par le procédé de Lister continuera à produire les résultats que j'ai obtenus jusque-là. Ce sont les suivants :

1° L'infection purulente a disparu. Quelques cas exceptionnels reçoivent une facile interprétation.

2° La pourriture d'hôpital a disparu.

3° Les érysipèles paraissent plus rares et moins graves en général, c'est le résultat signalé dans les hôpitaux de Londres.

4° Les réunions immédiates sont la règle, dans les opérations, amputations ou autres.

Ces faits sont habituels dans mon service, j'en ai publié déjà un certain nombre, ils se ressemblent tous et je croirais fastidieux de revenir encore sur des faits acquis.

On a la réunion immédiate quand on le veut, soit avec le pansement modifié, soit avec le Lister ordinaire ; de même que l'oubli d'une seule des règles de cette méthode dans l'un de ses temps expose à de la suppuration, que le pansement soit de l'un ou de l'autre mode.

5° Les blessures compliquées graves pour lesquelles on amputait jadis guérissent le plus souvent sans mutilation.

C'est là encore un fait journalier dans mon service où j'ai presque constamment huit à dix spécimens de ces lésions en traitement. Aussi le nombre des amputations diminue-t-il à l'Hôtel-Dieu.

6° La mortalité chirurgicale a diminué d'une manière notable à l'Hôtel-Dieu depuis l'introduction de la méthode listérienne. Les statistiques que j'ai publiées ailleurs (*Discours d'installation*) montrent cette mortalité oscillant entre 1 sur 12,95 et 1 sur 16,71, se rapprochant le plus souvent du chiffre faible avant l'introduction du pansement antiseptique. Dès cette introduction le chiffre indique une mortalité moindre : en 1876, elle est de 1 sur 19,29 ; je la trouve dans ma dernière statistique en 1878 de 1 sur 20 et une fraction, chiffre qu'elle n'avait jamais présenté.

7° Des tentatives opératoires nouvelles, très-graves, devant lesquelles on pouvait hésiter, ont pu être mises en application, et si je n'avais eu la sécurité que me donnent mes statistiques et une pratique déjà longue du pansement listérien, je n'aurais jamais osé ouvrir largement de grandes articulations, les luxer pour les nettoyer, remettre les os en place, drainer et conduire la plaie à guérison (arthroxécis).

Dans ces cas, comme dans plusieurs autres déjà publiés, on peut dire que la méthode listérienne a reculé les limites de la chirurgie.

Tous ces résultats heureux, on pourrait presque dire ces bienfaits, après cinq années d'applications de la méthode antiseptique listérienne, soit ordinaire, soit modifiée, sont assez éloquents pour montrer l'importance qui s'attache à la généralisation de cette méthode sous ses formes les plus expérimentées et les plus sûres.

Ces résultats montrent encore combien est légitime le sentiment de gratitude que nous devons avoir pour le savant consciencieux et modeste, le chirurgien écossais Lister, qui a doté notre art d'une méthode thérapeutique aussi féconde et aussi certaine dans ses effets.

* 9 7 8 2 0 1 3 0 3 1 1 3 4 *